BEI GRIN MACHT SICH IHR WISSEN BEZAHLT

D1666820

- Wir veröffentlichen Ihre Hausarbeit,
  Bachelor- und Masterarbeit

- Ihr eigenes eBook und Buch -
  weltweit in allen wichtigen Shops

- Verdienen Sie an jedem Verkauf

Jetzt bei www.GRIN.com hochladen
und kostenlos publizieren

Marie Schlenker

Aus der Reihe: e-fellows.net stipendiaten-wissen

e-fellows.net (Hrsg.)

Band 300

Das Bikini-Atoll - "Paradies" oder "Hölle" als Folge seiner Geschichte?

GRIN Verlag

Bibliografische Information der Deutschen Nationalbibliothek:

Die Deutsche Bibliothek verzeichnet diese Publikation in der Deutschen National-
bibliografie; detaillierte bibliografische Daten sind im Internet über http://dnb.d-
nb.de/ abrufbar.

Dieses Werk sowie alle darin enthaltenen einzelnen Beiträge und Abbildungen
sind urheberrechtlich geschützt. Jede Verwertung, die nicht ausdrücklich vom
Urheberrechtsschutz zugelassen ist, bedarf der vorherigen Zustimmung des Verla-
ges. Das gilt insbesondere für Vervielfältigungen, Bearbeitungen, Übersetzungen,
Mikroverfilmungen, Auswertungen durch Datenbanken und für die Einspeicherung
und Verarbeitung in elektronische Systeme. Alle Rechte, auch die des auszugsweisen
Nachdrucks, der fotomechanischen Wiedergabe (einschließlich Mikrokopie) sowie
der Auswertung durch Datenbanken oder ähnliche Einrichtungen, vorbehalten.

Impressum:

Copyright © 2010 GRIN Verlag GmbH
Druck und Bindung: Books on Demand GmbH, Norderstedt Germany
ISBN: 978-3-656-03635-7

Dieses Buch bei GRIN:

http://www.grin.com/de/e-book/180915/das-bikini-atoll-paradies-oder-hoelle-als-
folge-seiner-geschichte

GRIN - Your knowledge has value

Der GRIN Verlag publiziert seit 1998 wissenschaftliche Arbeiten von Studenten, Hochschullehrern und anderen Akademikern als eBook und gedrucktes Buch. Die Verlagswebsite www.grin.com ist die ideale Plattform zur Veröffentlichung von Hausarbeiten, Abschlussarbeiten, wissenschaftlichen Aufsätzen, Dissertationen und Fachbüchern.

Besuchen Sie uns im Internet:

http://www.grin.com/

http://www.facebook.com/grincom

http://www.twitter.com/grin_com

Das Bikini Atoll –

„Paradies" oder „Hölle" als Folge seiner Geschichte?

Hausarbeit

von

Marie Schlenker

April 2010

Inhaltsverzeichnis

1 Einleitung

Im nördlichen Pazifik, etwa 4.000km von Hawaii entfernt, liegt das Bikini Atoll. Es ist mit seinen 23 Inseln Teil der Marshallinseln und gehört zur Region Mikronesien.[1] Von 1946 bis 1958 führten die USA Kernwaffentests auf dem Atoll durch, die eine erhebliche Strahlenbelastung und zur Folge hatten.[2]

Ziel dieser Arbeit ist es, zu klären, inwieweit Umwelt und Bevölkerung des Bikini Atolls durch die Atomwaffentests beeinträchtigt wurden bzw. heute noch werden.

Dazu wird sich diese Facharbeit zunächst mit der Situation auf dem Bikini Atoll vor 1946 beschäftigen, und dann auf die unmittelbaren und langfristigen Auswirkungen der Kernwaffentests und möglichen Perspektiven für das Atoll und die Bikinianer, die Bewohner des Bikini Atolls, eingehen.

Die Materiallage ist aufgrund der Geheimhaltung der USA relativ schwierig. Viele Daten und Statistiken, insbesondere im Bezug auf die Strahlenbelastung auf dem Bikini Atoll und die medizinischen Folgen für die Bevölkerung, sind bis heute nicht veröffentlicht oder verharmlost worden. Dies hat zur Folge, dass ich keine verlässlichen Daten bezüglich der Strahlenbelastung auf dem Bikini Atoll in den ersten Jahren nach den Kernwaffentests finden konnte. Ebenso fehlen genaue Angaben zu der Anzahl der Krebserkrankungen als Folge der Kernwaffentests.

2 Geographie

Die Republik der Marshallinseln liegt im westpazifischen Ozean und setzt sich aus 29 Korallenatollen und fünf Rifftafelinseln zusammen. Die Atolle sind in zwei Ketten aufgeteilt, die Ralikgruppe und die Ratakgruppe, die sich zwischen 4° und 15° nördlicher Breite und 160° und 173° östlicher Länge erstrecken.[3] Im Durchschnitt liegen die Inseln etwa 3m oberhalb des Meeresspiegels. Das Klima ist tropisch warm-feucht mit jährlichen Niederschlagsmengen von bis zu 4.000mm im Süden und 500mm im Norden. Auf den Inseln wachsen hauptsächlich

---

[1] Vgl. Voigt, Gabriele: Remediation of Contaminated Environments. Oxford 2009, S.225
[2] Vgl. http://www.spiegel.de (20.04.2010). Brandenburg, Maik: Das Paradies, in das die Bombe fiel. In: Spiegel online vom 09.02.2006, S.1. http://www.spiegel.de/panorama/0,1518,399674,00.html

[3] Vgl. auch Karte(1) und Karte(3) im Anhang

3

Kokospalmen, Schraubenbäume, Brotfruchtbäume, Bananenstauden, Taro und Gräser. Das Artenspektrum auf dem Land ist eingeschränkt. In den Lagunen der Atolle leben dafür verschiedene Fischarten, Krabben, Haie, Meeresschildkröten, Korallen sowie weitere Wirbellose.[4]

3 Geschichte des Bikini Atolls

3.1 Situation nach dem 2.Weltkrieg

Die Marshallinseln wurden im 17. Jahrhundert von den Spaniern und später den Deutschen entdeckt. Das Bikini Atoll blieb, aufgrund seiner abgelegenen Lage im trockenen Norden der Marshallinseln, aber weitgehend ohne Kontakte zur Außenwelt, da die Händler größeres Interesse an den fruchtbaren Inseln im Süden hatten, auf denen größere Mengen an Kokosöl gewonnen werden konnten. Durch diese Isolation entstand eine Gesellschaft, die von starkem Familienzusammenhalt und Traditionen geprägt war und in der Landbesitz als ein Indikator für Wohlstand galt.[5] Die Bikinianer lebten in Einklang mit der Natur. So wurde z.b. das Holz der Mangroven für den Haus- und Kanubau verwendet, die Rinde für Seile und Fischernetze und die Blüten als Schmuck.[6] Ein großer Teil der Nahrung wurde aus dem Fischfang gewonnen. Deswegen waren die Bikinianer sehr stark von der geschützten Lagune abhängig, die von den 23 Inseln des Atolls eingerahmt wurde.[7] Weitere wichtige Nahrungsmittel waren Palmendiebe[8], die Früchte des Brot- und Schraubenbaumes und vor allem Kokosnuss.[9]

Anfang des 20. Jahrhunderts übernahmen die Japaner die Verwaltung der Marshallinseln. Mit dem Beginn des 2.Weltkrieges gewann das Bikini Atoll an strategischer Bedeutung, da die Marshallinseln und damit auch das Bikini Atoll am äußersten Rand des japanischen Herrschaftsgebietes lagen. Eine Wachstation wurde als Außenposten des japanischen Militärhauptquartiers auf Bikini, der Hauptinsel des Bikini Atolls, errichtet, um sich gegen eine mög-

---

[4] Vgl. Baratta, Mario u.a.: Der Fischer Weltalmanarch. Frankfurt am Main 2004, S.567
[5] Vgl. Niedenthal, Jack: For the Good of Mankind: A History of the People of Bikini and Their Islands. Majuro 2001, S.1
[6] Vgl. http://marshall.csu.edu.au (22.04.2010). Spennemann, Dirk: Traditional utilization of Magroves in the Marshall Islands. Albury 1998. http://marshall.csu.edu.au/Marshalls/html/mangroves/mangroves.html

[7] Vgl. Niedenthal: For the Good of Mankind, S.3
[8] auch Ganjokrebse oder Kokoskrebse genannt
[9] Vgl. http://marshall.csu.edu.au (21.04.2010). Spennemann, Dirk: Plants and their uses in the Marshalls – Food Plants. Albury 2000. http://marshall.csu.edu.au/Marshalls/html/plants/food.html

liche Invasion der USA zu schützen.[10] Die Bewohner des Atolls pflegten allerdings kaum Kontakt zu den Japanern.[11] Deswegen blieb die Idylle und traditionelle Lebensform auf dem Bikini Atoll auch während des 2.Weltkrieges erhalten. Nach Kriegsende lebten die Bikinianer immer noch unabhängig von der Außenwelt in einer intakten Umwelt auf ihrem Atoll.

3.2 Kernwaffentestprogramme der USA

Die Wende in der Geschichte des Bikini Atolls vollzog sich 1945, als der damalige U.S. Präsident Harry S. Truman verkündete, dass ein Atomwaffentestprogramm nötig sei, „'to determine the effect of atomic bombs on American warships'"[12]. Die Marshallinseln waren im Februar 1944 von den Amerikanern erobert worden.[13] Das Bikini Atoll wurde aufgrund seiner isolierten Lage, seiner geringen Bevölkerung (196 Einwohner[14]), von der kein Widerstand zu erwarten war, und den stabilen Wetterbedingungen als Testgelände ausgewählt.[15] Im Juli 1946 begann die US-Marine mit den ersten Atomwaffentests auf dem Atoll. Innerhalb der „Operation Crossroads" wurden die Atombomben „Able" und „Baker", die jeweils über eine Sprengkraft von 23 Kilotonnen TNT verfügten, in der Lagune des Bikini Atolls gezündet. Als Versuchsobjekte dienten dabei ausgediente Kriegsschiffe[16], die in Folge des Baker Tests sanken.

Im März 1954 wurde das Bikini Atoll wiederholt als Kernwaffentestgelände verwendet. Die „Operation Castle" Testserie begann mit der Explosion der Wasserstoffbombe „Bravo", die eine Sprengkraft von 15 Megatonnen TNT (750 Hiroshima Bomben) hatte.[17] Dabei bildete sich über der Lagune des Bikini Atolls ein enormer Feuerball, der die Wassertemperatur auf 55.000°C erhitzte. Außerdem wurden große Mengen an Korallenasche, Sand und Wasser in die Atmosphäre geschleudert. Dadurch entstand eine radioaktive Wolke, die aufgrund ungün-

---

[10] Vgl. Niedenthal: For the Good of Mankind, S.3
[11] Vgl. Johnson, Giff: Micronesia. America's 'strategic' trust. In: Bulletin of the Atomic Scientists Vol.35 No.2. Februar 1979, S.10
[12] zitiert in: http:// www.bikiniatoll.com (05.04.2010). Niedenthal, Jack: A History of the People of Bikini Following Nuclear Weapons Testing in the Marshall Islands: With Recollections and Views of Elders of Bikini Atoll. In: Health Physics Vol. 73, No. 1 vom 06.03.1997, S.28.
http://www.bikiniatoll.com/Health%20Physics%20paper%20JMN.pdf (Übersetzung: 'um den Effekt von Atombomben auf amerikanische Kriegsschiffe zu bestimmen')
[13] Vgl. Niedenthal: For the Good of Mankind, S.3
[14] davon lebten 167 auf der Hauptinsel Bikini
[15] Voigt: Remediation, S.225
[16] u.a. der Flugzeugträger USS SARATOGA und das japanische Schlachtschiff HIJMS NAGATO
[17] Vgl. http://www.zsr.uni-hannover.de (15.04.2010).Bunnenberg, Claus: Messungen von Radioaktivität und Dosis auf einer Reise zum Bikini Atoll. Hannover 2009, S.2. http://www.zsr.uni-hannover.de/dokument/biki2009.pdf

stiger Windverhältnisse über die bewohnten Atolle Rongelap, Rongerik, Bikar und Ailinginae zog. Die Bewohner dieser Atolle wurden nicht gewarnt und evakuiert, obwohl die Amerikaner sich über die Gefahren für die benachbarten Atolle bewusst waren.[18]

Der „Operation Castle" Testserie folgten noch die „Redwing" und „Hardtack I" Testserien, bis das Kernwaffentestprogramm 1958 nach weiteren 20 Tests beendet wurde.[19]

2.3 Folgen der Kernwaffentests

Die Kernwaffentests der USA hatten verheerende Folgen für die Umwelt und Bevölkerung des Bikini Atolls. Im Folgenden werden zunächst die ökologischen Folgen für das Bikini Atoll und dann die daraus resultierenden sozialen Folgen dargestellt. Dabei wird vor allem auf die Umsiedelungen und medizinischen Folgen für die Bewohner eingegangen werden.

3.3.1 Ökologische Folgen

Die Explosion der Wasserstoffbombe „Bravo" führte zur Vernichtung von drei kleineren Inseln im Nordwesten des Bikini Atolls. Außerdem entstand ein „Krater von über 2 km Durchmesser und 75 m Tiefe"[20]. Durch die hohen Wassertemperaturen[21], die durch die Explosion hervorgerufen wurden, kam es zur Vernichtung des gesamten marinen Lebens in der Nähe des Atolls. Der entstehende radioaktive Niederschlag führte auch zur Beeinträchtigung des Lebens auf den Inseln des Bikini Atolls. Böden, Tiere und Pflanzen wurden verseucht.[22]

Neben diesen unmittelbaren Folgen der „Bravo" Explosion, führten die Kernwaffentests in ihrer Gesamtheit zur langfristigen radioaktiven Kontaminierung des Bikini Atolls. Insbesondere die Radionuklide Cäsium-137, Strontium-90, Americium-241 und diverse Plutonium Isotope sind für die langfristige Strahlenbelastung auf dem Atoll verantwortlich. Diese Radionuklide sammelten sich in Pflanzen, Tieren und Frischwasservorräten an.[23]

---

[18] Vgl. Niedenthal: For the Good of Mankind, S. 6
[19] Vgl. Voigt: Remediation, S.226
[20]http://www.zsr.uni-hannover.de (15.04.2010), S.2
[21] Vgl. 2.2
[22] Vgl. http://www.g-o.de (02.04.2010). Lohmann, Dieter: Dantes Inferno im Pazifik. In: Scinexx – Das Wissensmagazin vom 16.01.2009. http://www.g-o.de/dossier-detail-430-5.html
[23] Vgl. https://marshallislands.llnl.gov (17.04.2010). Hamilton, T.F./Robinson, W.L.: Overview of Radiological Conditions on Bikini Atoll. Livermore 2004, S.1. https://marshallislands.llnl.gov/pdf/Hamilton_UCRL-MI-208228.pdf

3.3.2 Soziale Folgen

Im Februar 1946, den Kernwaffentests auf dem Atoll vorausgehend, bat der amerikanische Militärbefehlshaber der Marshallinseln, Kommodore Ben H. Wyatt, die Bikinianer ihr Atoll für eine befristete Zeit zu verlassen, um die Kernwaffentests der USA zu ermöglichen. Diese Tests sollten laut Wyatt „'for the good of mankind and to end all world wars'"[24] durchgeführt werden. Die Amerikaner hatten sich zuvor den Bikinianern gegenüber sehr freundlich verhalten und diesen außerdem zugesichert, nach Ende des Testprogramms wieder auf ihr Atoll zurückkehren zu können.[25] Da die Bikinianer glaubten, keine Wahl zu haben, stimmten sie einer Umsiedelung auf das etwa 200 km östlich von Bikini gelegene, unbesiedelte Rongerik Atoll zu.[26] Das deutlich kleinere Rongerik Atoll bot den Bikinianern nicht genügend Möglichkeiten zur Versorgung mit Wasser und Nahrung. Dies lag unter anderem an der geringeren Ertragsrate der Kokospalmen im Vergleich zum Bikini Atoll und an der geringen Menge an essbaren Fischen in der Lagune des Rongerik Atolls. So baten die Bikinianer, die unter starker Unterernährung litten, bereits nach zwei Monaten um die Rückkehr auf das Bikini Atoll. Erst zwei Jahre später, im März 1948, wurden die Bikinianer unter zunehmenden Druck der Öffentlichkeit auf das Kwajalein Atoll gebracht.[27] Dort lebten die Bikinianer „in tents on a strip of grass beside the airport"[28]. Dies verursachte Probleme, die von einem Bikinianer so beschrieben wurden:

> „'We lived a strange life on Kwajalein. From day to day we were frightened by all the airplanes that continuously landed very close to our homes. We were also frustrated by the small amount of space in which we were permitted to move around. We had to depend on the U.S. military for everything.'"[29]

Aufgrund ihrer Eingeschränktheit und Abhängigkeit suchten die Bikinianer kurz nach ihrer Ankunft bereits einen neuen Wohnort. Im November 1948, nach einem 6-monatigen Aufenthalt auf Kwajalein, siedelten die Bikinianer auf die Insel Kili um.[30] Diese Insel verfügte nicht über eine Lagune und bot den Bikinianern folglich keine geschützte Anlegestelle für ihre Kanus. Von November bis April führte die starke Brandung außerdem zu einer völligen Isolie-

---

[24] zitiert in: Johnson: Micronesia. America's 'strategic' trust, S.10 (Übersetzung:' zum Wohle der Menschheit und zur Beendigung aller Weltkriege')
[25] Vgl. http://www.bikiniatoll.com (05.04.2010), S.29
[26] Vgl. Johnson: Micronesia. America's 'strategic trust', S.10
    vgl. auch Karte(2) im Anhang
[27] Vgl. http://www.bikiniatoll.com (05.04.2010), S.29-31
[28] Ebd. S.31 (Übersetzung: in Zelten auf einem Grasstreifen neben dem Flughafen)
[29] zitiert in: ebd. S.31 (Übersetzung: 'Wir lebten ein seltsames Leben auf Kwajalein. Von Tag zu Tag fürchteten wir uns vor all den Flugzeugen, die ununterbrochen sehr nah an unseren Häusern landeten. Auch waren wir frustriert über die geringe Fläche, auf der wir uns bewegen durften. Wir mussten uns auf das U.S. Militär in allem verlassen.')
[30] Vgl. auch Karte(2) im Anhang

rung von der Außenwelt und machte den Fischfang unmöglich.[31] Weitere Probleme lagen in der geringen Menge an Nahrungsmitteln, die auf Kili angebaut werden konnten, und im Unwillen der Bikinier ihren Lebensstil zu verändern. Deshalb wurden die Bikinier abhängig von den Nahrungsmittellieferungen der Amerikaner.[32]

1968, 12 Jahre nach der Evakuierung der Bikinier für das Kernwaffentestprogramm der USA, wurde das Bikini Atoll, basierend auf einem radiologischen Gutachten der United States Atomic Energy Commission (AEC), zur Wiederbesiedelung frei gegeben:

> „'It appears that radioactivity in the drinking water may be ignored from a radiological safety standpoint (…). The exposures of radiation that would result from the repatriation of the Bikini people do not offer a significant threat to their health and safety.'"[33]

Für die Wiederbesiedelung des Atolls wurde im August 1969 ein Achtjahresplan festgelegt. Dazu gehörten die Anpflanzung von über 50.000 Kokosnussbäumen und anderen lokalen Nutzpflanzen sowie die Errichtung eines neuen Dorfes und die Entfernung von radioaktiven Ablagerungen auf dem Atoll.[34] Während dieser Vorbereitungen wurde in einigen Nahrungsmitteln erhöhte Radioaktivität festgestellt. Dies führte zu der Empfehlung, die betroffenen Nahrungsmittel nur in begrenzter Menge zu verzehren. Aufgrund dieser widersprüchlichen Informationen bezüglich der Strahlenbelastung auf dem Bikini Atoll, beschlossen die Bikinianer vorerst nicht auf das Atoll zurückzukehren. Für einige Familien war dennoch der Wunsch zur Rückkehr in die Heimat größer als die Angst vor den Gefahren einer dauerhaften Strahlenbelastung.[35] Dies lässt sich besser verstehen, wenn man die Bedeutung des Bikini Atolls für seine Bewohner kennt. Eine Bikinianerin äußerte sich dazu so:

> „'Bikini is like a relative to us: like a father or a mother or a sister or a brother, perhaps most like a child conceived from our own flesh and blood.'"[36]

Während der nächsten Jahre kehrten 139 Bikinianer auf das Atoll zurück. Die Sicherheit des Atolls blieb allerdings ungewiss.[37] Wissenschaftler der AEC versuchten in dieser Zeit die Bi-

---

[31] Vgl. Johnson: Micronesia. America's ‚strategic' trust, S.1

[32] Vgl. http://www.bikiniatoll.com (05.04.2010), S.32

[33] zitiert in: http://www.bikiniatoll.com (05.04.2010), S.32 (Übersetzung: 'Es scheint, dass die Radioaktivität im Trinkwasser aus radiologischer Sicht vernachlässigt werden kann (…). Die Strahlenbelastung, die aus der Rücksiedelung der Bikinianer resultieren würde, birgt keine nennenswerte Gefahr für ihre Gesundheit und Sicherheit.')

[34] Vgl. Johnson: Micronesia. America's ‚strategic' trust, S.14

[35] Vgl. http://www.bikiniatoll.com (05.04.2010), S.32

[36] Ebd.,S.31 (Übersetzung: 'Bikini ist wie ein Familienmitglied für uns: wie ein Vater oder eine Mutter oder eine Schwester oder ein Bruder, vielleicht am meisten wie ein Kind aus unserem eigenen Fleisch und Blut.')

[37] Linsley, G.: International advice and experience relevant to chronic radiation exposure situations in the environment. In: Brechignac, Francois/Howard, Brenda J.(Hrsg.): Radioactive pollutants. Impact on the environment. Paris 2001, S.120
Vgl. auch Karte(2) im Anhang

kinianer von der Sicherheit des Atolls zu überzeugen, indem sie selbst die lokalen Nahrungsmittel konsumierten.[38]

1975 wurden im Rahmen weiterer radiologischer Tests „'higher levels of radioactivity than
originally thought'"[39] entdeckt. Trinkwasser und verschiedene Nahrungsmittel wiesen eine
deutlich erhöhte Radioaktivität auf und wurden nun als gesundheitsschädlich eingestuft. Die
Bikinianer, die sich bisher auf die Aussagen der amerikanischen Wissenschaftler im Bezug
auf die Strahlung verlassen hatten, verlangten daraufhin die Durchführung einer umfassenden,
radiologischen Untersuchung auf dem Bikini Atoll. Wegen langwieriger bürokratischer Kon-
flikte zwischen verschiedenen U.S. Departments über die Übernahme der Kosten für diese
Untersuchung vergingen weitere drei Jahre, in denen die Bikinianer weiterhin auf dem Atoll
lebten. In dieser Zeit wurden verschiedene medizinische Tests an den Bewohnern des Atolls
durchgeführt. Das Ergebnis dieser Untersuchungen war, dass die durchschnittliche Äquivalentdosis[40] in den Körpern der Bikinianer durch die Aufnahme von radioaktiv kontaminierten
Nahrungsmitteln auf 0,98rem[41] angewachsen war und damit deutlich über den erlaubten Sicherheitsstandards der USA von 0,5rem lag.[42] Mit einiger Verzögerung wurden die Bikinianer
daraufhin im September 1978 zum zweiten Mal vom Bikini Atoll evakuiert. Diesmal auf die
Inseln Ejit.[43] Neben der Enttäuschung über die erneute Umsiedelung, war auch das erhöhte
Gesundheitsrisiko der Bewohner, insbesondere im Bezug auf Krebs, eine negative Konse-
quenz der verfrühten Rückkehr auf das Bikini Atoll. Allerdings wurde dieses Risiko von Ro-
bert Conard vom Brookhaven National Laboratory, dem amerikanischen Beauftragten der
medizinischen Untersuchungen auf den Marshallinseln so eingeschätzt:

> „'Assuming that they had all been there since 1970 and received the average estimated integrated total
> dose of 2.6 rems for the period, based on known radiation-induced risk data, one would expect only
> about 0,005 total cases of leukemia to develop in that population as a result of their radiation exposure.
> The need for further medical examination is not indicated based on possible radiation effects associated
> with such low doses.'"[44]

---

[38] Vgl. Johnson, Giff: Paradise lost. In: Bulletin of the Atomic Scientist Vol.36 No.10. Dezember 1980, S.26
[39] http://www.bikiniatoll.com (05.04.2010), S.32 (Übersetzung: 'höhere Strahlenbelastungen als ursprünglich
angenommen')
[40] vom Körper aufgenommene Energiedosis durch ionisierende Strahlung multipliziert mit einem Strahlungs-
wichtungsfaktor
[41] 100 rem = 1 Sv (Einheit für die Äquivalentdosis)
[42] Vgl. Johnson: Micronesia. America's ‚strategic' trust, S.15
[43] Vgl. http://www.bikiniatoll.com (05.04.2010), S.33
[44] zitiert in: Johnson: Paradise lost, S.27 (Übersetzung: 'Unter der Annahme, dass sie alle seit 1970 dort gewesen
sind und die durchschnittliche veranschlagte integrierte Dosis von 2,6rem in diesem Zeitraum aufgenommen
haben, würde man, basierend auf den bekannten Risikodaten für induzierte Strahlung, eine Gesamtanzahl von
0,005 Leukämiefällen in dieser Bevölkerung als Folge von Strahlenbelastung erwarten. Die Notwendigkeit weiterer medizinischer Untersuchungen ist nicht angegeben, bezogen auf mögliche Strahlenwirkungen in Verbin-
dung mit so geringen Dosen.')

Es zeigte sich jedoch, dass Schilddrüsenkrebs öfter bei Menschen auftrat, die einer geringen Strahlenbelastung ausgesetzt waren, als bei denjenigen, die einer hohen Strahlenbelastung ausgesetzt waren. Etwa 44% aller Marshallesen, die durch die Kernwaffentests radioaktiver Strahlung ausgesetzt waren, litten 1980 an Schilddrüsenproblemen.[45]

Durch die Äußerungen verschiedener amerikanischer Wissenschaftler kann man zudem den Eindruck erlangen, dass die Bikinianer vornehmlich als Forschungsobjekt betrachtet wurden. So bezeichnete das Department of Energy 1976 das Bikini Atoll als "'the only global source of data on humans where intake via ingestion is thought to contribute the major fraction of plutonium body burden'"[46].

4 Heutige Situation auf dem Bikini Atoll

Obwohl die USA bis heute über eine Milliarde Dollar in die seit 1986 unabhängigen Marshallinseln investiert haben, sind die die Folgen der Kernwaffentests für die Umwelt und insbesondere für die einstigen Bewohner des Bikini Atolls noch deutlich zu erkennen.

Äußerlich gleicht das Atoll wieder einem tropischen Paradies. Das marine Ökosystem hat sich so weit regeneriert, dass, neben Meeresschildkröten, Haien, Fischen und anderen Meerestieren, sogar viele seltene Korallenarten in die Lagune des Atolls zurückgekehrt sind. Diese Regeneration ist vermutlich darauf zurückzuführen, dass die Korallenriffe des 200km entfernten Rongelap Atoll von den Kernwaffentests nicht beeinträchtigt wurden und Organismen über die Meeresströmung zum Bikini Atoll gelangen konnten. Weiterhin hat wahrscheinlich das fehlende menschliche Eingreifen ebenfalls zur Regeneration beigetragen.[47] Andererseits fehlen aber, laut den Forschern der James Cook Universität in Australien, 42 Korallenarten in der Lagune, davon vermutlich 28 als Folge der Kernwaffentests.[48] Auch auf dem Land hat sich das Ökosystem äußerlich weitgehend regeneriert.[49]

---

[45] Vgl. ebd., S.28 (Zum Vergleich: In Amerika waren es 1980 etwa 3-4%.)
[46] zitiert in: Johnson: Micronesia. America's ‚strategic' trust, S.15 (Übersetzung: 'die einzige globale Datenquelle in Bezug auf den Menschen, wo Inkorporation durch Nahrungsaufnahme den größten Teil der Plutonium-Belastung des Körpers ausmache')
[47] Vgl. http://www.g-o.de (02.04.2010). Lohmann, Dieter: Wie Phoenix aus der Asche. In: Scienexx – Das Wissensmagazin vom 16.01.2009. http://www.g-o.de/dossier-detail-430-6.html
[48] Vgl. http://www.bikiniatoll.com (21.04.2010). Richards, Zoe u.a.: Bikini Atoll coral biodiversity resilience five decades after nuclear testing. In: Marine Pollution Bulletin Vol.56. 2008, S.508. http://www.bikiniatoll.com/BIKINICORALS.pdf
[49] Vgl. http://www.spiegel.de (20.04.2010), S.3

Im Bezug auf Strahlung zeigt eine Studie der Leibniz Universität Hannover aus dem Jahr 2009, dass die Strahlungsdosis auf dem Bikini Atoll abhängig vom jeweiligen Standort ist. Laut dieser Studie stiegen die Werte der Ortsdosisleistung (ODL) „vom Strand ausgehend zum Inselinneren an"[50]. Außerdem wurden auf dem Friedhof der Insel deutlich erhöhte ODL-Werte gemessen. Insgesamt lag die durchschnittliche Tagesdosis auf dem Bikini Atoll aber bei 0,75 Mikrosievert pro Tag, was etwa der Hälfte des Dosismittelwertes für Hannover (1,6 Mikrosievert) entspricht.[51] Allerdings trägt laut einer Studie des Lawrence Livermore National Laboratory aus dem Jahr 2004 vor allem die Aufnahme von radioaktivem 137-Cäsium durch die Nahrung zur Strahlenbelastung bei.[52] Messungen der Wissenschaftler aus Hannover zeigen, dass die Radioaktivitätsgehalte in Kokosnüssen 2009 noch immer über den Richtwerten der International Atomic Energy Agency (IAEA) Basic Safety Standards lagen. Daraus folgerten die Wissenschaftler, dass „ein Leben auf der Insel unter einigen Auflagen prinzipiell möglich"[53] ist. Dazu gehört die Verwendung von Kalium-Dünger, um die Aufnahme von Cäsium in die Pflanzen zu verhindern.[54] Eine weitere Auflage wäre die Einrichtung einer Messstation auf dem Atoll, um die Strahlenbelastung, die sowohl durch den Aufenthalt an stark radioaktiv kontaminierten Orten auf dem Atoll als auch durch die Nahrungsmittelaufnahme verstärkt wird, zu kontrollieren.

Obwohl ein Leben auf dem Bikini Atoll also prinzipiell möglich wäre, ist die Rückkehr der mittlerweile über 4.000 Bikinianer auf das Atoll in naher Zukunft eher unwahrscheinlich. Dies liegt unter anderem daran, dass die Bikinianer durch die mehrfachen Umsiedelungen bedingt, mittlerweile verstreut auf den Marshallinseln, insbesondere auf der Hauptinsel Majuro und der Insel Kili, oder in den USA leben.[55] Durch die vielfach unzureichenden oder falschen Informationen der US-Behörden in der Vergangenheit hat sich in der Bevölkerung außerdem ein Misstrauen gegenüber aktuellen radiologischen Gutachten entwickelt, sodass die Bikinianer mittlerweile Sicherheitsstandards fordern, die deutlich unter dem Richtwert der International Commission and Radiological Protection von 1 Milisievert pro Jahr liegen. Wenn man die durchschnittliche Tagesdosis von 0,75 Mikrosievert aus der Studie der Leibniz Universität Hannover zugrunde legt, ergibt sich daraus eine Dosis von ca. 0,27 Milisievert pro Jahr. Die Bikinianer fordern allerdings 0,15 Milisievert, was die USA wegen zu hoher Kosten

---

[50] http://www.zsr.uni-hannover.de (15.04.2010), S.7
[51] Vgl. ebd., S.5-7
[52] Vgl. https://marshallislands.llnl.gov (17.04.2010), S.1
[53]http://www.zsr.uni-hannover.de (15.04.2010), S.11
[54] Das Element Cäsium ist chemisch ähnlich aufgebaut wie Kalium und wird aufgrund der Kaliumarmut des Bodens in die Biomasse der Pflanzen eingebaut.
[55] Vgl. ebd., S.11

als Forderung ablehnen.[56] Ein weiteres Problem, das die Rückkehr der Bikinianer verhindert, stellt ihre veränderte Lebensweise dar. Wegen der großen Zeitspanne, die seit der Umsiedelung vergangen ist, kennen viele der jüngeren Bikinianer das Bikini Atoll nur aus Berichten der Alten, während für die 41 noch lebenden Bikinianer, die 1946 die Umsiedelung auf das Rongerik Atoll miterlebten, das Bikini Atoll nur noch eine entfernte Erinnerung darstellt.[57] Das Leben der Bikinianer ist heute von sozialen Problemen geprägt, die indirekte Folgen der Kernwaffentestprogramme sind. Durch die Umsiedelung in eine unbekannte Umgebung verloren die Bikinianer die Fähigkeit, sich selbst zu ernähren. Ihre Fähigkeiten als Fischer, Korbflechter und Bootsbauer konnten in der fremden Umgebung nicht mehr angewandt werden und verkümmerten deshalb. Als Folge leben die Bikinianer heute hauptsächlich von den Entschädigungszahlungen der USA. Die Gesellschaft ist geprägt von Geld und Konsum. Allerdings können viele Bikinianer nicht angemessen mit Geld umgehen. Deswegen sind sie auf amerikanische Berater angewiesen, die sie in finanziellen Entscheidungsprozessen[58] unterstützen. Außerdem müssen einige Bikinianer auf Darlehen zurückgreifen; denn die Bevölkerungszahlen der Bikinianer steigen stetig an, bei gleichbleibenden Zahlungen der USA. Das bedeutet, dass die Bikinianer immer weniger Geld zur Verfügung haben.[59] Die Entschädigungszahlungen führten auf der anderen Seite aber auch dazu, dass sich die Mentalität der Bikinianer veränderte.

„'They just want to sit back and make money.'"[60]

Dieses Zitat eines Tourismusveranstalters, der Interesse an dem Bikini Atoll geäußerte hatte, zeigt, dass die Bikinianer lernen müssen, ökonomisch zu denken, um unabhängiger von amerikanischen Zahlungen zu werden. Die Bikinianer versuchen allerdings, anstatt sich einen Arbeitsplatz zu suchen, mehr Geld von den US-Behörden zu bekommen. So stellen sie Schadensersatzforderungen für „Bluthochdruck, Diabetes oder Rheuma"[61], ohne dass diese Krankheiten in Zusammenhang mit den Kernwaffentests stehen.

Weitere soziale Folgen werden vor allem auf der Insel Kili deutlich. Es ist fast keine Infrastruktur vorhanden. Die Insel wird von den älteren Bewohnern immer noch als „prison"[62] bezeichnet. Zudem ging mit der Umsiedelung der Bikinianer eine Christianisierung einher,

---

[56] Vgl. https://marshallislands.llnl.gov (17.04.2010), S.15
[57] Vgl. http://www.spiegel.de (20.04.2010), S.2
[58] Die Bikinianer haben Treuhandfonds in einer Höhe von über 100 Millionen US-Dollar von den USA als Entschädigungszahlungen zur Verfügung gestellt bekommen.
[59] Vgl. http://bikiniatoll.com (02.04.2010). Davis, Jeffery: Bombing Bikini Again.This Time With Money. In: New York Times Magazine vom 01.05.1994, S.4 http://bikiniatoll.com/NYTM.html
[60] zitiert in http://bikiniatoll.com (02.04.2010).Davis: Bombing Bikini Again, S.6 (Übersetzung: ‚Sie wollen sich nur zurücklehnen und Geld verdienen.')
[61] http://www.spiegel.de (20.04.2010), S.3
[62] http://www.bikiniatoll.com (02.04.2010).Davis: Bombing Bikini Again, S.4 (Übersetzung: Gefängnis)

die heute darin resultiert, dass die Bevölkerung sehr stark religiös geprägt ist. So sind Fernsehprogramme, die meisten Filme, Alkohol und Ausflüge in Diskotheken untersagt. Weiterhin ist drei Mal pro Woche die Teilnahme am Gottesdienst Pflicht. Im Widerspruch zu diesen strengen Regeln, steht der Konsum von Kokain und Zigaretten, der sehr verbreitet unter den jüngeren Bikinianern ist, ebenso wie die hohe Geburtenrate bei Minderjährigen.

„'Ich hasse es zu sagen'[…]'aber wer etwas werden will, der muss hier raus.'"[63]

So fasst Jack Niedenthal, Berater der Bikinianer auf Kili, die Situation der Menschen auf der Insel zusammen. Es ist also nicht verwunderlich, dass viele junge Menschen aufgrund von Perspektivlosigkeit ins Ausland und insbesondere in die USA abwandern, da dies für die Bikinianer aufgrund eines Vertrags ohne Visum oder Greencard möglich ist.[64] Dagegen hoffen die wenigen Älteren immer noch auf eine Rückkehr auf das Bikini Atoll.[65]

Eine Perspektive für die Bikinianer, die noch auf den Marshallinseln leben, könnte im Aufbau eines Tourismusprojektes auf dem Bikini Atoll liegen. Das Atoll verfügt über großes Potenzial. Sowohl die ökologische Schönheit als auch die interessante Geschichte des Atolls sind gute Voraussetzungen für die Entwicklung von Tourismus.[66] Insbesondere die gesunkenen Kriegsschiffe und das Vorkommen von Haien in der Lagune des Atolls begünstigen Tauchtourismus. Allerdings gab es bereits seit 1996 eine kleine Tauchstation und im geringen Maße auch Infrastruktur auf dem Atoll.[67] Wegen gestiegenen Kerosinpreisen und einem geringeren Budget zur Förderung des Tourismus, musste das Projekt aber 2008 abgebrochen werden. Der Zeitpunkt einer erneuten Öffnung des Atolls ist noch nicht bekannt.[68]

5 Fazit

Ist das Bikini Atoll nun ein „Paradies" oder wurde es durch seine Geschichte als Kernwaffentestgelände der USA zur „Hölle"?

Nachdem man die unmittelbaren und langfristigen Folgen der Kernwaffentests für das Bikini Atoll betrachtet hat, kann man es sicherlich nicht mehr als „Paradies" bezeichnen.

---

[63] http://www.spiegel.de (20.04.2010), S.3
[64] Vgl. ebd.,S.3
[65] Vgl. http://www.bikiniatoll.com (02.04.2010).Davis: Bombing Bikini Again, S.7
[66] Vgl. ebd., S.5
[67] Vgl. http://www.spiegel.de (20.04.2010), S.3
[68] Vgl. http://www.bikiniatoll.com (02.04.2010). Niedenthal, Jack: Bikini Atoll Dive Tourism Information. 23.08.2008. http://www.bikiniatoll.com/divetour.html

Aus ökologischer Sicht wurde ein intaktes Ökosystem durch die Kernwaffentests zerstört, das sich nur sehr langsam und keinesfalls vollständig erholt. Allerdings ist auch zu bemerken, dass sich die Umwelt inzwischen relativ gut regeneriert hat und die Strahlenbelastung, die durch die Explosionen der Kernwaffen entstand, mittlerweile so gering ist, dass menschliches Leben auf dem Atoll unter Auflagen möglich wäre ohne ein medizinisches Risiko für die Bevölkerung zu bedeuten.

Auch aus sozialer Sicht waren die Kernwaffentests und die damit verbundenen Umsiedelungen der Bevölkerung der Auslöser für viele gravierende Probleme. Neben den unmittelbaren Folgen, die sich durch den Verlust der Heimat, Mangelernährung und schlechtere Lebensbedingungen kennzeichneten, sind vor allem die langfristigen Auswirkungen von Bedeutung. Aus der Subsistenzwirtschaft und traditionellen Lebensweise gelangten die Bikinianer in eine materielle Abhängigkeit von den USA, verbunden mit dem Verlust ihrer Kultur und Wertvorstellungen. Die Bikinianer sind heute weder an das traditionelle Leben auf einem tropischen Atoll noch an das Leben in einer modernen Konsumgesellschaft angepasst.

Weiterhin sind auch die medizinischen Folgen zu beachten, die durch die verfrühte Rückkehr einiger Bikinianer entstanden sind. Auch wenn die genaue Zahl der Strahlenopfer nicht bekannt ist, so waren die Auswirkungen für die Betroffenen, bei denen sich Schilddrüsenkrebs entwickelte, doch erheblich.

Das Bikini Atoll kann also nicht mehr (oder noch nicht wieder) als „Paradies" bezeichnet werden. Aber ist es als „Hölle" zu bezeichnen?

Aus meiner Perspektive betrachtet, rechtfertigen die verheerenden Auswirkungen der Kernwaffentests den Begriff „Hölle". Die Bikinianer oder zumindest diejenigen von ihnen, die sich an das Leben auf dem Bikini Atoll erinnern können, werden vermutlich eher den Begriff „verlorenes Paradies" verwenden, da das Bikini Atoll für sie das Symbol eines unbeschwerten und glücklichen Lebens darstellt, auf das viele von ihnen immer noch hoffen.

Nachdem ich mich eingehend mit der Geschichte des Bikini Atolls und der heutigen Situation dort auseinander gesetzt habe, bin ich für mich zu dem Schluss gelangt, dass das Bikini Atoll durch seine Geschichte zur „Hölle" wurde, sich aber in einem Regenerationsprozess befindet. Es bleibt zu hoffen, dass sich das Bikini Atoll in den nächsten Jahren so erholt, dass es wieder als „Paradies" bezeichnet werden kann. Dazu müssen die Bikinianer allerdings lernen, die Entschädigungszahlungen der USA sinnvoll zu nutzen, um auf Dauer unabhängig von weiteren Zahlungen auf dem Bikini Atoll leben zu können.

Literaturverzeichnis

Baratta, Mario u.a.: Der Fischer Weltalmanarch. Frankfurt am Main 2004.

Johnson, Giff: Micronesia. America's 'strategic' trust. In: Bulletin of the Atomic Scientists Vol.35 No.2. Februar 1979, S.10-15

Johnson, Giff: Paradise lost. In: Bulletin of the Atomic Scientist Vol.36 No.10. Dezember 1980, S.26-29

Linsley, G.: International advice and experience relevant to chronic radiation exposure situations in the environment. In: Brechignac, Francois/Howard, Brenda J.(Hrsg.): Radioactive pollutants. Impact on the environment. Paris 2001, S.105-130

Niedenthal, Jack: For the Good of Mankind: A History of the People of Bikini and Their Islands.

Voigt, Gabriele: Remediation of Contaminated Environments. Oxford 2009.

Internetquellen

http://bikiniatoll.com (02.04.2010). Davis, Jeffery: Bombing Bikini Again.This Time With Money. In: New York Times Magazine vom 01.05.1994. http://bikiniatoll.com/NYTM.html

http://www.bikiniatoll.com (02.04.2010). Niedenthal, Jack: Bikini Atoll Dive Tourism Information. 23.08.2008. http://www.bikiniatoll.com/divetour.html

http://www.bikiniatoll.com (05.04.2010). Niedenthal, Jack: A History of the People of Bikini Following Nuclear Weapons Testing in the Marshall Islands: With Recollections and Views of Elders of Bikini Atoll. In: Health Physics Vol. 73, No. 1 vom 06.03.1997, S.28-36. www.bikiniatoll.com/Health%20Physics%20paper%20JMN.pdf

http://www.bikiniatoll.com (21.04.2010). Richards, Zoe u.a.: Bikini Atoll coral biodiversity resilience five decades after nuclear testing. In: Marine Pollution Bulletin Vol.56. 2008, S.503-515. http://www.bikiniatoll.com/BIKINICORALS.pdf

http://www.g-o.de (02.04.2010). Lohmann, Dieter: Dantes Inferno im Pazifik. In: Scinexx – Das Wissensmagazin vom 16.01.2009(a). http://www.g-o.de/dossier-detail-430-5.html

http://www.g-o.de (02.04.2010). Lohmann, Dieter: Wie Phoenix aus der Asche. In: Scienexx – Das Wissensmagazin vom 16.01.2009(b). http://www.g-o.de/dossier-detail-430-6.html

http://marshall.csu.edu.au (22.04.2010). Spennemann, Dirk: Traditional utilization of Mangroves in the Marshall Islands. Albury 1998.
http://marshall.csu.edu.au/Marshall/html/mangroves/mangroves.html

http://marshall.csu.edu.au (21.04.2010). Spennemann, Dirk: Plants and their uses in the Marshalls – Food Plants. Albury 2000.
http://marshall.csu.edu.au/Marshalls/html/plants/food.html

https://marshallislands.llnl.gov (17.04.2010). Hamilton, T.F./Robinson, W.L.: Overview of Radiological Conditions on Bikini Atoll. Livermore 2004.
https://marshallislands.llnl.gov/pdf/Hamilton_UCRL-MI-208228.pdf

http://www.spiegel.de (20.04.2010). Brandenburg, Maik: Das Paradies, in das die Bombe fiel. In: Spiegel online vom 09.02.2006. http://www.spiegel.de/panorama/0,1518,399674,00.html

http://www.zsr.uni-hannover.de/dokument/biki2009.pdf (15.04.2010).Bunnenberg, Claus: Messungen von Radioaktivität und Dosis auf einer Reise zum Bikini Atoll. Hannover 2009. http://www.zsr.uni-hannover.de/dokument/biki2009.pdf

Anhang

Grafiken:

Karte(1) http://web-translations.com/resources/country_guides/Marshall_Islands/map_of_marshall-islands.gif (21.04.2010)

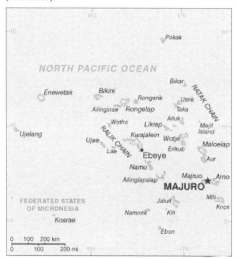

Karte(2) http://www.rmiembassyus.org/NuclearIssues.htm#Chronolgy (21.04.2010)

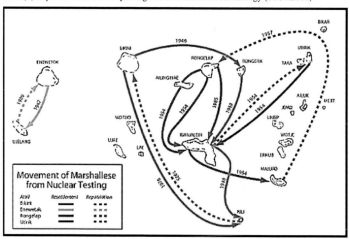

Karte(3) http://static.howstuffworks.com/gif/willow/geography-of-marshall-islands0.gif (21.04.2010)